目次

封面攝影—日置武晴

關於封面
飛田和緒的鍋具照。
相當具有震撼力。
我心想，只有這張最適合當封面了，
渡部浩美也表示贊同。
拿鍋子當封面，
感覺也挺有意思的，
各位覺得如何？

《日日》夥伴們的最愛

文—高橋良枝　翻譯—葉韋利

《日日》從第1期到第15期，
有個〈日日歡喜〉的專欄。
像是「飯友」、「小禮物」、「傳承下來的器皿」或「花之器」等，
配合每一期的主題，
介紹《日日》夥伴各自的最愛。
內容基本上為2頁，
但偶爾會有4頁或6頁，
有時還會發展出其他主題，
像是「視覺書」或「作家平常使用的器皿」。
我們也收到讀者的迴響，
說很喜歡〈日日歡喜〉這個專欄，
於是每一期都很開心訂出主題。
然而，不知怎麼就不見了。
應該說，因為逐漸發現每期要訂立主題愈來愈困難，
就暫停了連載。
在創刊10年（日文版2014年）的此刻，
我們想要再做一次〈日日歡喜〉這個主題。
10年的歲月過去，每個人的喜好以及擁有的物品，
或許也出現些微改變。
畢竟，大家又老了10歲。
結婚、生產、育兒，有些人的生活環境出現巨大轉變。
這倒讓我想起，當初《日日》創刊時，
有小孩（還有孫子）的只有我一個。
這10年來，已經有5名夥伴為人父母。
今年春天還有2個小男生要上小學了。

因此，暌違已久的〈日日歡喜〉又來了。
這次的主題是「器物」與「廚房用具」。
大家喜愛的器物都怎麼使用？
喜愛的原因，還有何時在哪裡購買的？
加上器物的背景介紹，就能看出各人的個性與生活，
很有意思吧。
盛裝在器物裡的料理也由每個人親手製作。
此外，還會出現料理家少不了的菜刀、餐具。
有一次，我不經意聽到飛田和緒做菜的聲音，
感覺得出來是很俐落的菜刀。
我說，聽起來菜刀磨得很利耶。
她告訴我，在鎌倉找到了一間很棒的磨刀店。
我馬上請她介紹她的菜刀。
細川亞衣的餐具，
從我住在東京時就很好奇。
她收放在類似傳統藥櫃那種有很多小抽屜的櫃子裡，
將銀質餐具放進布質收納盒，
還分門別類。
每一支餐具都磨得亮晶晶，讓人看了很感動。
我也想請她介紹這套餐具。
沒參與到過去〈日日歡喜〉的伊藤正子，
我則請她用喜愛的器物，
設計出「早、中、晚」的「三餐」風景。
簡單且清爽的餐桌，
在器皿挑選與使用上很值得參考。

飛田和緒的最愛

磨得銳利的菜刀

飛田和緒的菜刀隨時都磨得很利。
我想，
菜刀切起來的感覺也會影響做菜時的樂趣。
而且，也會反應在完成的料理上，
這是小主婦觀察的心得。

文—飛田和緒
攝影—日置武晴
翻譯—葉韋利

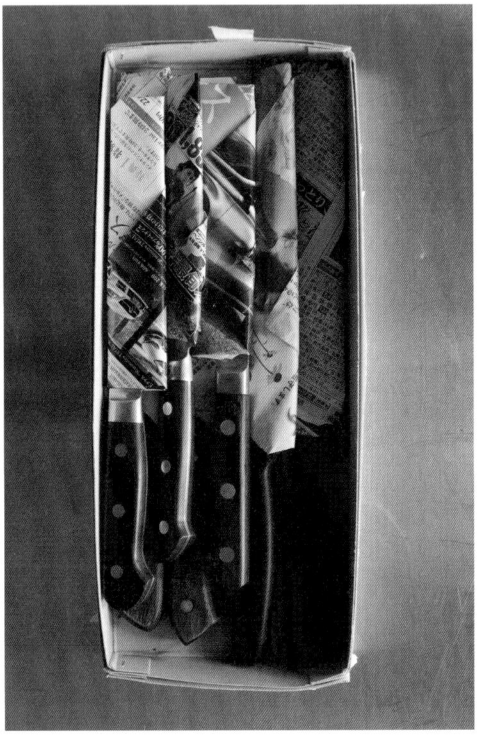

從磨刀店取回的菜刀，每一把都用廣告傳單包起來，放在一只小盒子裡，排放得很整齊。左頁上的照片則是看起來失去銳利光澤的菜刀。

菜刀切起來的感覺很重要。就算是再有名的師傅打造的菜刀，如果從不打磨，放到生鏽，就毫無用處。

任何菜刀只要好好照顧，珍惜使用，就能用一輩子。磨過的菜刀切起蔬菜來連切口都很美，切番茄時只要輕輕把刀刃放上番茄就能劃開，切高麗菜絲、蘿蔔絲，也能很俐落，甚至切起來意猶未盡。只要切菜時手感好，就會不停繼續切。

其實一般菜刀只需要大小兩把左右就很夠用，但不知為什麼，我卻有好多把。因為每次把刀送去磨，就需要有另外留在家裡用的菜刀。此外，我到現在還在尋找更適合自己手感的菜刀。使用過不同刀刃寬度、長度、材質、重量的菜刀，當了三十年家庭主婦到現在也還沒找到最滿意的一把。

我大概每兩個月會把菜刀送到磨刀店裡研磨。偶爾會自己磨，但實在比不上專業師傅。我對菜刀的保養毫不含糊，甚至每次搬家都要先找到附近能磨菜刀的專門店。4天左右，等到一把一把仔細包起來的菜刀拿回家，就忍不住想盡情切蔬菜絲。

有次
平常一品
有次
平常一品
有次

耐酸鋁鍋

料理家使用的鍋具，
想必全都是出自知名工匠之手，或是熱門名牌，
會這麼想的難道只有我嗎？
但當我看到飛田和緒的這只鍋子，
竟然有點感動！
那是一只在昭和時代，
家家戶戶都看得到的鍋子。

裝滿一整鍋的關東煮食材在爐子上燉煮，廚房瀰漫著美味的空氣。我心想，關東煮就要用這種大鍋來煮。

這只鍋子跟我已經有二十年的老交情，即使鍋底損傷變形，我也繼續用。我用這只鍋子做關東煮，做馬鈴薯燉肉，做紅燒魚，鍋子裡充滿美味，讓我老想直接整鍋端上桌。雖然這只鍋子伴我多年，工作時卻老是遭到嫌棄。只要在拍攝食譜步驟解說時拿出這只鍋子，工作人員就會問我，還有沒有其他鍋子。

做燉煮料理時，Le Creuset這類西式鍋具比較討喜。我曾好幾次在喜愛的鍋具問卷上寫過這只鍋子，卻總是落選。印象中從來沒被採納過。縱使如此，我還是持續使用，因為用這只鍋子做我的菜最得心應手，做出來也最好吃，如此而已。外觀看起來會覺得有股傳統的陳舊，卻也令人想起奶奶、媽媽那個時代的廚房，懷舊的樣貌倒討人喜歡。

最重要的優點就是質地輕巧，煮熱水一下子就沸騰，收湯汁也很快。烹調變得迅速並不是步驟少，而是鍋子的功勞。記得三十多歲時，有一位工作上的前輩曾說過，年紀大了之後會開始在乎鍋子的重量。這陣子我不時深思，看來自己也到了這個年紀。

搥打矢床鍋

從以前看到日本料理店的師傅，用矢床（鋏子）夾住鍋子的架勢，就感覺好帥氣。

有一次，發現飛田和緒也是這類鍋子的愛用者，心想，她果然也很帥氣。

堆得高高的炒牛蒡絲。除了牛蒡、紅蘿蔔，還加了蓮藕，感覺很下飯。帶有使用鋁鍋來做的特殊風味。

　至今仍忘不了，當初在店裡忐忑不安用鋏子挾起鍋子的情景。記得沒有任何阻力很輕巧地就可以拿起那組鍋子，幾個鍋子疊起來也不感覺沉重。更棒的是尺寸從大到小，疊起來很好收納，鋁鍋用力刷洗也沒問題，而且因為沒有把手，還可以當作調理盆來用。這實在太適合我們家的廚房了！於是我毫不猶豫就下手。從那天起，這組鍋子就成了我們家做飯時不可或缺的好幫手。

　可以煮一大鍋熱水，燙青菜、下麵、煮義大利麵。清蒸時在鍋子裡倒入熱水，放上類似圓蓋子的東西（不好意思，不知道它的名稱。是在中華街買的），上方再放蒸籠就行了。隨手就能做出清蒸料理。

　炒菜時平底鍋出場的機會大大減少。如果不需要油煎，其實用鍋子就夠了。加上鍋壁的高度，就算炒得很豪邁，食材也不會四散出來。

　這個夏天我為孩子做了好幾次炒麵。在鍋子裡先炒蔬菜，用平底鍋將炒麵炒到微焦，再加入鍋子跟其他料混合。這種方式做出來的炒麵太好吃了！麵不會太軟爛，蔬菜也保持爽脆。讓我深深感覺，工具的重要性。

三谷龍二的最愛

午茶器具

三谷龍二會用什麼樣的器具，
來搭配自己的作品呢？
木器與陶瓷的對話。
我請他務必要介紹一下
這樣的組合方式。
於是就在工作空檔，
喝了杯紅茶。

文—三谷龍二
攝影—日置武晴
翻譯—葉韋利

柚木材質的長托盤上放了阿左美尚彥的茶壺、岡澤悅子的盤子，還有瀨戶的蕎麥豬口，就成了午茶杯盤組。

在迪士尼的動畫中，有紅茶壺開口說話、唱歌的片段，我覺得阿左美尚彥的茶壺作品就跟那個造形很像。

柔和的肌理很有日本味，但造形卻走西洋風，散發獨樹一格的氣質。他目前雖然離開陶藝創作，但每次一看到這只茶壺，我都很希望他再回來創作。

蛋糕盤是住在松本近郊的岡澤悅子的作品。其實這個盤子是我設計，算是我們的共同作品。輕薄的盤身，收窄的盤緣更是設計重點。

我拿來當茶杯的，是明治時期左右的瀨戶打模製作的蕎麥豬口。由於是打模製作，有種厚實感，但肌理柔和，我很喜歡兩者之間的均衡感。點心叉是到瑞典旅行時在古董店裡找到的，有北歐風格的乾淨俐落，沒有一絲多餘的設計。

長托盤是柚木材質。把這些喜歡的器物全放在托盤上，感覺好像畫框，擷取出享用一杯紅茶的片刻時光。很奇妙的是，光是這樣就讓人雀躍不已。

傍晚的紅酒

工作告一段落的傍晚時分。
在身心放鬆的時間喝杯紅酒。
再準備一點下酒小食，
端到餐桌上。
配合下酒小食更換器皿，
或許也是樂趣之一。

山櫻木的深托盤裡，有辻和美的分裝壺，玻璃杯則是津田清和的作品。

在廚房裡倒杯紅酒，端到餐桌上。愉快的飲酒時刻就此展開。準備一只深托盤，然後從餐具櫃裡找出能夠搭配的器物。

挑了幾個擺擺看，覺得這個小瓷碗最適合今天。這個器皿是很久以前買的，但忘了是在哪裡買（是THE CONRAN SHOP嗎？）雖然是大量生產的商品，因為喜歡這個造形，不時會拿出來用。

今天的下酒小食是將黑豆燙熟，再拌入迷迭香跟奶油乳酪做成抹醬。我好愛豆類，舉凡紅豆、黑豆、黃豆、花生，我都很喜歡。用木湯匙舀著抹醬，塗在麵包上。

被我拿來當醒酒器的，是辻和美的分裝壺。辻和美的玻璃作品質感，跟其他人的有些不同，她連這些小地方也下了工夫吧。況且，感覺毫不做作的外形也很棒。

同為玻璃材質，但杯子是津田清和的作品。帶著淡淡灰色的玻璃杯，顏色很美，感覺穩定的寬底造形，稍稍厚實的質感，端起來能包覆在掌心裡，非常舒適踏實。

銀質餐具

細川亞衣的最愛

餐具，
在拍攝料理照片時，
多半被視為配角的地位。
不過，用餐時若少了餐具，
根本沒辦法吃。
每次看到細川亞衣收藏的餐具，
都讓我不禁心想，
其實餐具真的比器皿來得重要。

文─細川亞衣
攝影─日置武晴
翻譯─葉韋利

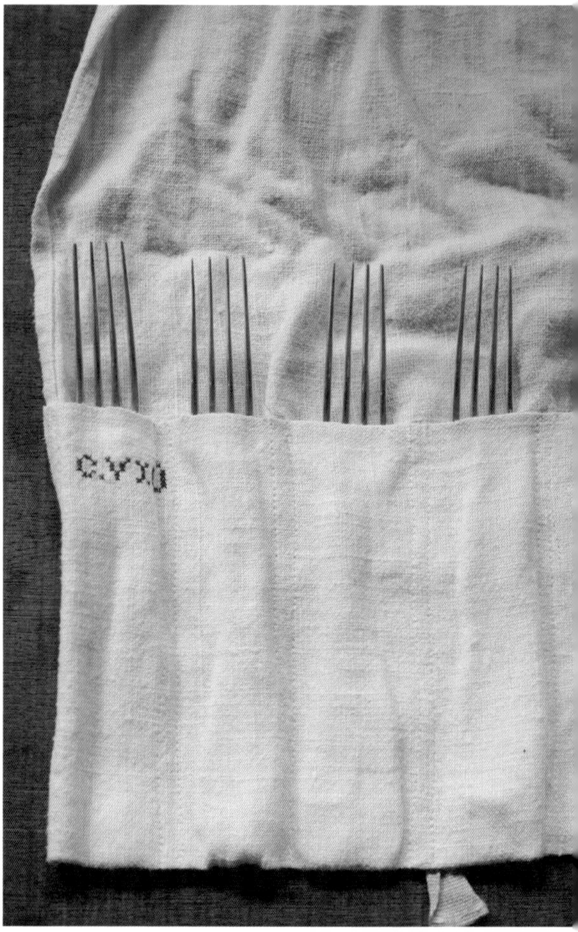

銀器的保養，我參考的是朋友在瑞士跳蚤市場教我的方法。將銀器放進鋁鍋或大盤子裡，撒上大量粗鹽，然後淋上熱水。這樣子就能迅速去污。

在義大利學料理時，我才知道在餐桌上使用的餐具，同時也能在廚房裡大變身，成為出色的調理器具。

用湯匙攪拌麵粉與蛋，做義大利麵。用餐刀背做小耳朵麵。拿叉子把湯燉馬鈴薯搗碎，做成薯泥。義大利餐桌上的餐具多半是感覺廉價的不銹鋼材質，但考量到有這麼多用途，或許這樣不必顧忌太多反倒比較好。

在我收集完不少器皿跟杯子，最後讓我最嚮往的就是銀質餐具。一開始是小茶匙，無論是口或手接觸到的輕盈觸感，都是鍍銀材質所沒有，只屬於純銀獨特的感覺。這讓我更想多用用看純銀餐具。在這股意念的驅使下，我到了巴黎小巷弄裡那間每次匆匆經過的銀器店，抱著豁出去的心情按了門鈴。

我才剛學會「純銀」的法文，脫口而出後，從店員拿出來的好幾種中挑了這些。要湊成整套的話，價格大概是當時在東京住處的房租，但所謂命中注定就是這麼回事。自此之後，只要吃西式料理就少不了這套餐具。等到女兒離家自立時，我還想讓她帶著這套餐具。

ODIOT

普利亞的小碗

細川亞衣的餐具櫃裡，
有很多來自包括義大利以及歐洲，
其中也有古董器皿。
以細川亞衣審美觀挑選的這些器具，
許多也交織著回憶在內。

使用肥後茄這種較大的茄子做的前菜。用烤盤煎過之後，再拌上自製醃梅乾醬汁，口味清爽的一道菜。

乳白色的輪花小碗，是當年我到南義，大概是位於形狀有如靴子的鞋跟位置的普利亞地區（Puglia）旅行時，在奇斯泰爾尼諾（Cisternino）這個白色小鎮一處廣場旁的古董行購得。老闆娘瘦得誇張，打扮得像女巫，而且在一旁用高八度的嗓音講個不停，一瞬間讓我以為是個世外之人。

在那間小店裡，堆滿了舊東西，很多看起來都不怎麼樣。這只小碗卻在眾多雜物中散發出獨一無二的光芒，吸引了我的目光。

實在無法抗拒那股美感，立刻請老闆娘幫我包好，我便小心翼翼帶走。

我有好幾只使用當地特殊乳白色陶土製成的大碗，由於當地土質柔軟，器皿邊緣的釉藥會慢慢剝落，內層的陶土暴露後也會陸續剝落，最後形成自然的圓弧，卻更添幾許風情。至於這只小碗的輪花造形，倒是除此之外從沒見過，也更加喜愛。

這只小碗不僅適合義大利菜，無論盛裝任何地方的料理，都帶著一種溫暖包容的感覺，因此在我家餐桌上從不缺席。若要我從餐具櫃中挑出一只我的最愛，必定毫不猶豫會選它。

每天使用的白色餐盤

即使是日常中的飲食，
若使用了不中意的器皿，就引不起食慾。
看到這只餐盤以及隱含的回憶，
就能了解到細川亞衣的心情。
也再次充分體會到，
器皿對於美味的餐食有多重要。

充滿酸橙香氣的寬扁麵。青醬與酸橙的清新香氣與色彩，十分迷人。

已經是十幾年前的事了，當年我在義大利的小城鎮上料理學校。那時候我跟八個同學住在一棟公寓裡，廚房裡的餐盤就跟一般義大利家庭差不多，完全不講究。但我實在受不了自己做菜時得用壓根不喜歡的器皿，於是跑到古董行找到一組白餐盤，買了自己用。

老瓷器呈現的特殊白色，搭配俐落的線條，散發出恰到好處的莊重。我還記得，當年做過不知道多少次的簡單青花菜義大利麵，或是柳橙沙拉，裝在這只餐盤上，美得就像一幅畫搭配天衣無縫的畫框。

深盤背後刻著「GINORI」的粗黑字體，我猜這是在1896年與RICHARD合併為RICHARD-GINORI之前的產品。

在這之前，以及從此之後，我在義大利、法國、日本，到處買了其他很多白色舊餐盤，卻唯有這一組盤子讓我感到有股特殊氣質。

每次端起這只盤，就忍不住抬頭挺胸。雖然是日常使用的器具，對我來說卻有種莫名的特別情感。

須藤剛（溫石）的最愛

古伊萬里的小碗

是器物優先還是料理優先？料理與器物的關係就是如此密切。「溫石」的器物，想必跟須藤剛想呈現的料理，已經合而為一。因此請他介紹一下他的最愛。

文—高橋良枝
攝影—日置武晴
翻譯—葉韋利

這個小碗大概是第一次用來盛飯吧。碗口開闊宛如牽牛花造形，感覺盛裝夏天的料理很適合，於是試做這一道。

「這是我年輕還在當學徒的時候，很拚命才買下的古伊萬里小碗。這個少見的造形很吸引我。」

一套5只小碗，各自的外形和鈷藍釉色調呈現略微差異，也別有風味，這似乎也是他喜愛的理由。

「夏天有時候會拿來盛裝高湯凍佐岩牡蠣，但今天試做了玉米飯。」

由於小碗的造形宛如牽牛花，覺得拿來盛夏天吃的料理也不錯，於是第一次嘗試這樣的組合。

須藤剛運用當季食材做出細緻又美味的料理。想當初我們是因為《日日》創刊號要拍照，走訪三谷龍二的工作室時結識，到現在也10年了。當時他們倆還沒決定要在這個地方定居下來，都還是租房子生活。

租了一間舊民宅，自行改裝後開了畫廊「tadokorogaro」，不久之後餐廳「溫石」也開了。接著是小太郎出生，不知不覺在松本的生活就過了十年。

「溫石」的生意已經上軌道，須藤剛的料理持續大放異彩，未來會進化到什麼程度，真令人期待。

溫石原創漆碗

在和食的套餐料理中，
一定會有一道「椀物」（燉湯料理），
而這也是最能展現廚師手藝的一品。
運用季節食材的椀物，
就是廚師一決勝負的關鍵。
從搭配的器物也能看出須藤剛的企圖心。

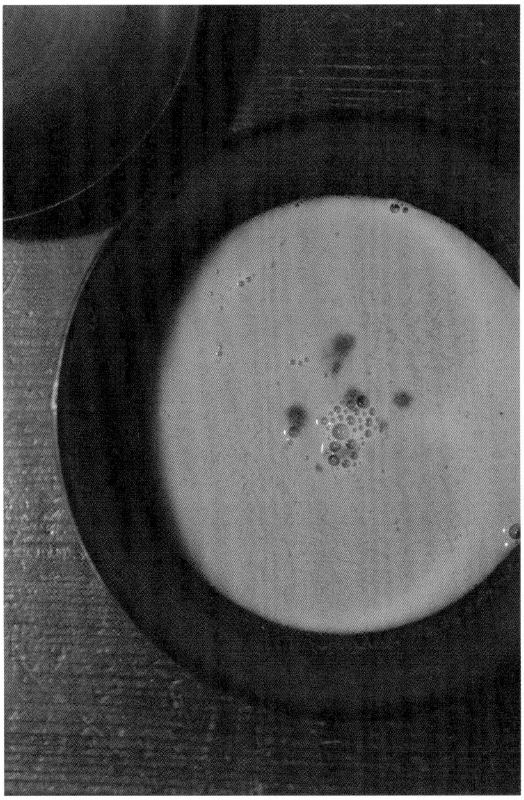

將烤香魚搗碎，加入高湯做成的香魚糊。
是這個季節才吃得到的一道料理。

「這是我跟作家老師討論過後，請他製作的溫石原創漆碗。」

據說當初須藤剛在奈良「胡桃木」看到蝶野秀紀的作品，很喜歡漆器那種霧面低調的感覺，就去拜託他。

須藤畫出他想要的漆碗外形，送去給蝶野，蝶野依圖試做出樣本。兩人就在這樣一來一往的反覆作業中，完成了這款漆碗。

一般漆器會將木作交給工匠製作，上漆時再交由塗師負責，以分工方式進行。但蝶野是自己包辦了木作跟上漆，全程一個人完成。正因為這樣，才能製作出完成度這麼高的作品。

「漆器表層霧面的感覺真的很棒，我一年四季都使用。」

溫石的器物基本上全以白或黑來統一，從來沒看過有彩色或有圖案的器物。特別用心的就是會在套餐之中使用一件古董器物吧。在黑與白的單色世界裡，藉由加入一件老器物，或許能展現絕佳的畫龍點睛之效及溫暖的感覺。至於夏季套餐的老器皿，就是前一頁介紹的古伊萬里牽牛花造形小碗。

最愛的廚房用具

沒有一樣東西不愛！
要請《日日》夥伴們介紹各自的「最愛」時，
似乎會有這樣的回應。
但還是請大家說說「最愛」。
結果集合了這麼多，
各式各樣的廚房用具。

三谷龍二（木藝創作家）
榨汁棒

這款榨汁棒是在巴黎買的。購買的地點是間生活雜貨店，應該不是出自作家之手吧。前端是瓷器，邊緣很鋒利，能榨出很多汁，白色帶著潔淨感的外觀也是讓我喜歡的地方。5×15cm

細川亞衣（料理家）
絲瓜囊

以前我去台灣時看到絲瓜囊，就買回來。我拿來洗碗盤，它比海綿還快乾，我很喜歡。最近到熊本的植木市看到這個絲瓜囊就買了，可以剪成自己喜歡的大小，方便使用。長度30cm。

飛田和緒（料理家）
蒸座

這是在京都「WESTSIDE33」買的。有時候想蒸點小東西，卻又不必動用到蒸籠時，就靠這只蒸座。把蒸座放進鍋子裡，加水煮沸後，再把食材直接放到座上，或放入耐熱器皿裡。感覺隨時都能蒸東西來吃。14.5cm×5cm

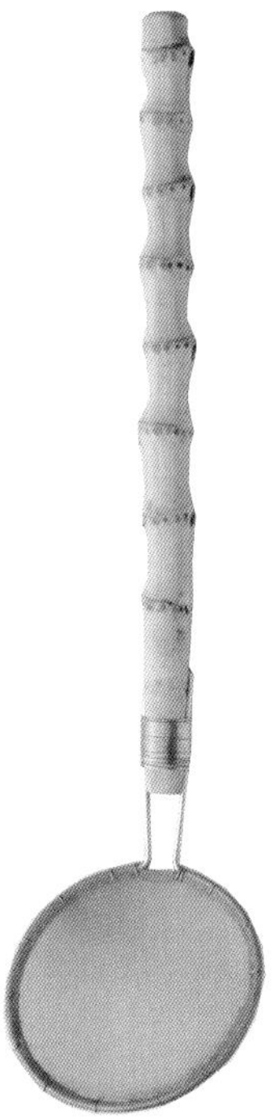

伊藤正子（造形師）
雜渣撈網

這是在京都「有次」購買的雜渣撈網。當初是受到外觀吸引而下手，但實際使用後發現，把手角度以及撈網表面的大小，都經過仔細設計，非常好用。每次熬湯撈雜渣的麻煩步驟，也因為有了這件用具而方便許多。6×17cm

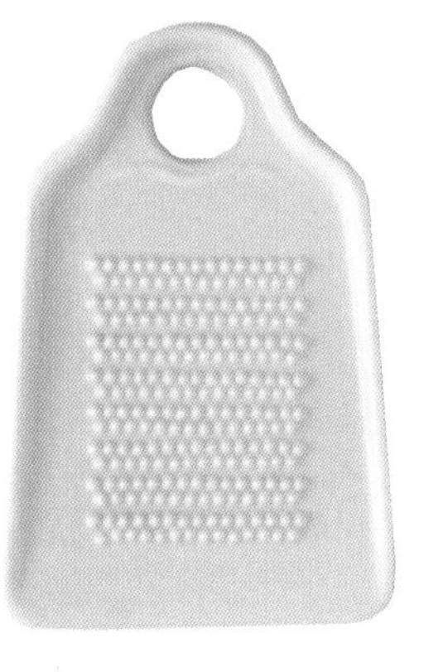

伊藤正子（造形師）
磨泥板

在松本一間生活雜貨店裡堆滿灰塵的陶製摩泥板。帶點偏橢圓的外形可愛討喜，也很吸引我。要說用起來的感覺呢，我覺得其實還好，不過覺得偶爾有個光靠外形取勝的工具也不錯。10×15cm

飛田和緒（料理家）
果醬漏斗

要把果醬或佃煮菜裝進瓶子裡保存時很好用的工具。跟一般漏斗比起來，開口比較寬，就算不是裝液體，用起來也方便簡單，而且不必擔心周圍弄髒。高湯的話可以疊上一只小濾網，邊過濾邊裝瓶。15×9cm

公文美和（攝影師）
附底盤刨刀

7年前，有個朋友說這很好用，就送了我一只。最大孔那一面拿來削紅蘿蔔絲，就能做出法式紅蘿蔔絲沙拉。比起用菜刀切絲，刨出來的絲比較容易裹附上醬汁，更入味好吃。
刨刀12×27cm，底盤21×3cm

高橋良枝（編輯）
竹刷

刷洗中式鍋具時的好幫手。我還記得，過去燒柴火煮飯的時代，還會用來刷去鍋底的煤漬。圖右的材質不清楚，右邊的就是一般將竹子剖成細條紮起來。竹18×3cm

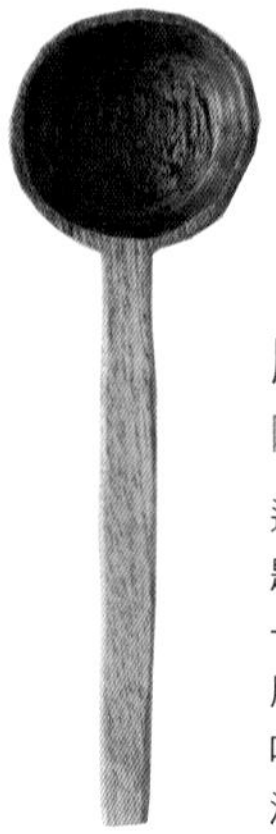

廣瀨貴子（攝影師）
咖啡匙

這只造形簡單、質地溫暖的木製湯匙，是村上孝仁的作品。舀滿尖尖一匙的咖啡豆大約是5公克。每天用這個湯匙量大宅咖啡焙煎所的咖啡豆，沖一杯咖啡。木質肌理的色澤也持續變化得好美，讓人更是愛不釋手。4×11cm

日置武晴（攝影師）
瑪法（MATFER）鍋

8年前買的這只法國瑪法的鍋子，是「CHEF INOX」系列的。這只14公分的鍋子，用來煮一家三口喝的味噌湯剛剛好。一沾到髒污就用力刷洗，珍惜使用到現在。
14cm×7cm（連把手14cm）。

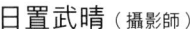

久保百合子（造形師）
印度的琺瑯盅盤組
在京都的「GRANPIE」每次看到就買一個，陸續蒐集而成。平常用來打蛋，或是盛裝切好的佐料，裝著松子進烤箱烘烤……。在家裡自製醬汁時，裝起來把盤子倒置就成了加蓋的容器。（大）15×2cm、（小）8×4cm

田所真理子（畫家）
鋁鍋
很喜歡這個看起來彷彿小學校園裡用的水桶再加頂帽子的造形。由於也可以當蒸鍋用，自己覺得真是買對了。不過，平常幾乎都用店裡（溫石）的蒸鍋來蒸東西，所以至今還沒用過這個鋁鍋。30×30cm

日置武晴的最愛

鹽甕

從創刊到第27期的《日日》封面，都是日置武晴的作品。每次看到他意想不到的取景，總令我忍不住讚嘆。在採訪時從點滴中發掘出美景，是日置武晴才拍得出的封面。

文—高橋良枝
攝影—廣瀨貴子
翻譯—葉韋利

「我每次去法國一定會買鹽。」

日置武晴喜歡的鹽，就是「Ile de Re」的「fleur de sel」。「fleur de sel」是鹽田裡最先浮起的鹽結晶，又叫做「鹽之花」。由於富含礦物質，鹽之花嚐起來帶著微甜，我也非常喜歡。而用來裝鹽的甕，就是日置武晴這次介紹的最愛。

在還沒買到這只甕之前，他是用個玻璃瓶，並且在瓶蓋上貼了手繪的貼紙，感覺應該也不錯。

「但我好想有個可以放在餐桌上的小鹽甕。」

有了這個想法，他便開始尋找。5、6年前，他看到這只鹽甕，大小跟細部造形都跟他心目中的形象不謀而合，當下就買了。至於出自哪裡，是誰的作品，他則已經想不起來。

他說隱約有印象似乎是某次《日日》的採訪，在西川聰的工作室看到的，但那次我也在場，卻不記得有這回事。

「粗鹽我會裝在小野哲平做的甕，尺寸稍大一些。另外，伊藤環的甕也被我拿來裝鹽。」

看來日置家的廚房有好幾個作家製作的甕，裡頭都裝著鹽。

久保百合子的最愛

染付小碗公

不單只是因為身為美食造形師，很喜歡看久保百合子平常大快朵頤的模樣。她挖掘器物店與生活雜貨舖時，那股熱情跟敏銳度也令人佩服。每次跟她一起逛京都都好開心。

文—久保百合子
攝影—廣瀨貴子
翻譯—葉韋利

光用燙雞胸肉剩下的湯，撒上香菜或青蔥，再擠點檸檬汁吃；或是蝦米用中式醬油醃過，搭配榨菜絲，拌豆漿跟黑醋，吃起來簡直是極品。

去過台灣玩的朋友，都為當地人的親切覺得感動，加上東西好吃，離東京又近，經常會說「下星期還想去！」當然，我也是其中之一。

一次次前往台灣的同時，我也完全被台灣小吃所擄獲。在市場或巷弄裡的小店，到處吃各種麵、飯、刨冰、甜食。每一樣都是用小碗公裝一點，剛好是吃點心的份量，所以一間吃過一間也不怕。這些食物我回家之後還想吃，於是經常買了乾麵、調味料等食材，試著自己重現旅途中的味道。

不過，我家裡沒有適合這類台灣料理的碗公耶。找了一下，剛好之前跟高橋良枝逛京都時看到我想要的。就在我們到千本今出川買了長崎蛋糕之後，碰巧走到附近的古董行「畫餅洞」。一進到店內，我一眼就相中了。

這只繪有神祕動物（？）的小碗公，剛好能端在兩手掌心裡，讓我愛不釋手。據說碗上的圖案是龍，但我怎麼看還是搞不懂。感覺是個邊笑邊飛過去、愛惡作劇的龍。

據說是中國清代的小碗公。碗口開闊，深度淺而且質輕，正是我想要的外形。碗緣的釉藥稍微剝落，更添風情。這組小碗公是在諸多因緣下才來到我家，是我很珍惜的器物。

公文美和的最愛

攜帶型茶具組

公文美和經常會若無其事，用意想不到的高價購物，讓大家大吃一驚。這次她介紹的最愛，是最讓我感到驚喜的。而我也很佩服她的美感與氣魄。

文—高橋良枝
攝影—公文美和
翻譯—葉韋利

我還記得當初翻開《茶之箱》這本書時的感動。收放在小箱子裡的飲茶用具，每一件都這麼美。這不算藝術品，也不是日常用品。而是特別為了「飲茶」這個目的而存在，自成的一個小宇宙。

我不禁心想，有這些用具的人，是不是都會統一收放在某個地方，而不是分開收納於各處。

結果，有一天這些茶具出現在我眼前，讓我大吃一驚。茶具的主人就是公文美和。我聽說她要介紹的最愛是攜帶型茶具，卻沒想到竟然就是在書本上看到的那種正式的一整套！

桃子形的外盒跟黑色茶罐是赤木明登，茶碗是安藤雅信，包巾是Jurgen Lehl，鍛金的茶杓則是長谷川次郎，總之都是當代創作家的作品。

「我去看了在DEE'S HALL舉辦的個展，一見鍾情就買下來了。」

聽到整組的價格（大概是上班族一個月的薪水），我由衷佩服公文美和的氣勢。

「我很喜歡開車到處走，買點心，開到覺得不錯的地方就停下來沖杯茶喝。」

然後我才知道，原來公文美和還有去上茶道課。

廣瀨貴子的最愛

小咖啡杯

廣瀨貴子是從《日日》第7期時加入。
第一個採訪對象是村上孝仁。
到了福岡郊區的「村上Recipe」。
由古民宅改建而成的
工作室與店鋪，
還有在他住家的拍攝，
都是很愉快的回憶。

文．攝影—廣瀨貴子
翻譯—葉韋利

磨了大宅咖啡焙煎所的咖啡豆沖杯義式濃縮。拍攝過程中，滿室生香。咖啡杯的簡單外形也很棒。

這是差不多3年前到北歐旅行時，在赫爾辛基的古董行找到的。第一眼就好喜歡，還放在隨身行李帶著登機，一路上小心翼翼帶回來。

提到北歐，一般印象都是鮮明的色調、設計，但這組杯子的色系只有不同深淺的藍、芬蘭航空的商標，以及一群飛鳥的圖案，色調都很淡，感覺低調。無論是注重功能的簡潔設計，可以多只堆疊的外形，以及質地輕薄，一切都深得我心。

上網查了一下，好像是1960年代芬蘭航空頭等艙使用的杯子。似乎原本還有成套的茶盤，但我買的時候只有杯子。另外，也查到是由塔皮奧．維爾卡拉（Tapio Wirkkala）設計，德國羅森泰（Rosenthal）公司製作。

我很喜歡用這組杯子喝咖啡、喝義式濃縮，或是喝一小杯濃湯。咖啡豆是跟大宅稔的咖啡焙煎所訂的，小心翼翼磨粉，小心翼翼沖泡，再用這個杯子喝。早晨來一杯也不錯，工作結束後的一杯更是撫慰人心。

渡部浩美的最愛

麗莎．拉爾森的大盤

我猜想，
美術設計，
好像是一種孤獨且很需要耐力的工作吧。
而《日日》夥伴們，
要講到共同點的話，
就是全都是喜歡吃美食的貪吃鬼。

文—高橋良枝
攝影—廣瀨貴子
翻譯—葉韋利

盛裝水果之後，遮住了深藍色的部分，只看得到線條。簡潔有力的線條也展現了拉爾森的風格。

走訪輕井澤已經是4年前冬天的事了，記得是《日日》第19號的內容。當時採訪的對象是伊藤正子很喜歡，經常購買的「NATUR」這間店。

店裡有很多來自北歐很棒的生活雜貨，令人目不暇給。就在我要伸手拿起一只麗莎．拉爾森的作品時，旁邊的渡部浩美竟然同時做了相同的事！

於是決定用猜拳來解決。我向來舉凡猜拳、玩賓果、抽獎都很弱，對這類比輸贏的事情毫無信心。渡部浩美說，「我猜拳也老是輸。」最後我們決定猜輸的人有權購買。

結果我贏了！但就算猜拳猜贏，還是等於輸了。再次深深感受到，果然我很不擅長這類比輸贏的事。

「很喜歡素燒的褐色跟上了釉藥的藍色兩相搭配的感覺。還有簡單的線條也很對我的味。」

渡部浩美說道。平常她大多純粹欣賞器物的美，當作裝飾不放任何東西，偶爾有色調相襯的水果才會用來盛裝。

高橋良枝的最愛

米糠味噌甕

小時候家裡的餐桌上，
一定會有每個季節當季的米糠醬菜。
現在我的餐桌上，
雖然未必時時端上米糠醬菜，
但我實在捨不得丟掉米糠漬床，
就算沒醃任何材料也持續攪拌。

文—高橋良枝
攝影—廣瀨貴子
翻譯—葉韋利

這一天的米糠醬菜有小黃瓜、紅蘿蔔，黃色的則是「kolinki」品種的沙拉南瓜。這個甕的高度有30公分，容量很大，卻也非常重。

小時候我家的米糠味噌就放在地板夾層的木桶裡，奶奶每天早、中、晚就蹲在地板上，攪拌著米糠漬床。那身影我到現在還常想起，很是懷念。

我曾用過大容量的琺瑯容器醃醬菜，但琺瑯的密閉性高，漬床容易壞掉。我心想，如果弄不到木桶，陶器怎麼樣呢？於是一直尋找合適的陶甕。

在《日日》第6期，前往郡司庸久的工作室採訪時，我環顧偌大的工房，發現架子上有只青瓷色的甕。無論大小、形狀，都跟我心目中用來漬米糠味噌的容器形象不謀而合。

「這其實是失敗作品——」郡司庸久有些難為情。但外觀看來沒有任何異狀，我就硬要他賣給我。

我在工作室旁邊摘了盛開的大波斯菊、芒草跟地榆，放進甕裡帶回家。當作花器欣賞了幾天，一週後就拿來裝漬床材料。

已經過了8年，漬床仍維持相當好的狀態，即使離家10天左右，也完全沒發黴。可能因為陶土器物有些微透氣性，能讓米糠味噌裡的各種發酵菌獲得氧氣。

整理剩下的東西

「不管器具、衣物，好好整理之後，會覺得神清氣爽，心情變得很好唷。」伊藤正子如是說。

於是，我請她用整理之後剩下的那些喜愛的器物，設計布置出一整天餐桌上的情境。

文—伊藤正子
攝影—日置武晴
翻譯—葉韋利

右／櫃子右側是以漆器、托盤、篩子、碗盤、片口等為主。
左／打開抽屜，滿是可愛的器物，這裡放的全是心愛的小碟子。

去年從住了7年左右的松本搬到橫濱。先前在松本的住處有個房間，還配合器物數量訂製了餐具櫃，所有器物跟廚房用具都能好好收納。看到那幅景象真有說不出的好心情。

然而，新租用的工作室位於集合住宅，沒那麼容易改裝，所以思考猶豫了很久，才在廚房旁邊的大櫃子裡訂製層架，用來收納器物。不過，正如同我原先的擔憂，超過十箱以上的東西根本放不完。也曾考慮過把一個房間當作儲藏室，但最後下定決心，就讓給其他有需要的人好了。

花了一個星期，把剩下的東西和可以轉讓的分類好。一些珍貴的籃子能留下來當作參考資料的，就捐贈給民藝館；器物則讓來攝影或開會的人帶走。

幾個月之後再次整理時發現，量產的產品變少了。留下的多半是在旅程中的跳蚤市場或是古董行購得的器物、杯子，或是熟識創作者的作品等，每一件都帶著感覺溫馨的回憶。

餐具櫃的左側是平常使用的白色餐具，以及午茶時間必備的茶杯和玻璃杯。其他零星的小器具就收放在小抽屜裡，或是無印良品的收納箱內。

早晨的餐桌

每次去京都都會買新的筷子。
筷架是在海邊撿的小石子。
有蓋子的白色容器是井山三希子的作品，
後方白色瓷器是森岡由利子的作品，
兩只並列的小碟子則是余宮隆的作品。

早餐經常出現的是粥品。白粥就不用說了，有時候也會混用糯米跟黑米，或者加入在台灣買的乾干貝一起熬粥。呼嚕呼嚕吞下，肚子立刻升起一股暖意，感覺舒適安心。這對宿醉後的身體也很好，因此我很喜歡。

粥就用木曾北原久的合鹿椀來盛裝。這個小碗公看起來紮實穩定，實際端在手上卻覺得溫潤柔和。由於比一般湯碗來得大一些，想裝大量也沒問題。但我還是喜歡秀氣些，只盛一點。

白粥搭配山椒小魚、鹽昆布、紅燒羊栖菜、柴漬醬菜（譯註：加了紅紫蘇葉鹽漬的醬菜）等常備菜一起吃。雖然全是平常吃慣的食物，但這時候就是器物大顯身手的時刻。煮浸番茄盛入白磁盤，山椒小魚用染付小碟盛裝。像這樣慎選每一件器皿，用調理筷悉心裝盤，每一道小菜都充滿活力。

朋友曾說過，「一點一滴的巧思可以改變生活。」我認為一一挑選器皿，用心擺盤，的確會為生活帶來改變。一日之計在於晨，更值得多花點心思。

早晨拉開窗簾，讓柔和的陽光照亮整張餐桌。

中午的餐桌

小碟子是過去在某個古董市集買到的御深井燒。
上了朱漆的圓托盤是佃真吾的作品。
其他有奈良杉的筷子，
鍍銀的托盤等，每天改變心情。

午飯是工作空檔的心情轉換時間，也是令人期待的時光。話說回來，我也沒空專程幫自己弄午餐，通常是幫女兒帶便當時多做點菜，留著當午餐。

今天做的是女兒喜歡的韓式烤肉飯便當。白飯上鋪了菠菜、涼拌豆芽，辣味烤牛肉還有荷包蛋，拌入韓式辣醬來吃。女兒用的是木質橢圓形便當盒，我則用內田鋼一的作品來盛裝。

這個容器雖然是當作小碗來賣，實際端起來比想像中還輕巧。我心想，也可以當碗公用吧？於是買了兩只。除了燉菜、煮浸菜之外，即使煮麵線或烏龍麵等麵類，甚至飯類，盛裝起來都很適合，適用範圍非常廣的器皿。

一個人的午餐大多是這樣的型態，會在碗公下方墊個托盤或餐墊。比方說，就算餐桌上有電腦，或是散亂的文件、資料，只要有塊小餐墊，整個心情就變得不同。自然而然會激起「下午也要加油！」的鬥志。

平常看慣的木餐桌，多了一點朱紅色也呈現不同風景。

夜晚的餐桌

Staub的鍋子統一使用灰色。
大鍋子煮了咖哩，小鍋裡則是番紅花飯。
餐盤跟餐具，還有玻璃杯，是在法國跟英國的跳蚤市場找到的。
小心翼翼仔細包好帶回國。

做晚餐時，我會先訂好主題。像是偏中式風格，或是使用大量香料，還是以對身體好的蔬菜料理為主之類。咦？每天嗎？或許有人感到不可思議，但這是一天之中最放鬆的時刻，我希望更珍惜。主題未必侷限於菜色，會嘗試用新買的鍋具當主角，或是挑戰點很多蠟燭，有時候也會以這樣的內容為主。

至於今天，做的是只用新洋蔥與完熟番茄的水分來燉煮的咖哩雞。主題是「蛋形」。無論鍋子、餐盤，裝醃菜的有蓋小烤盅，以及盛裝南瓜沙拉、紅蘿蔔絲沙拉的耐熱盤，總之所有器物都是橢圓形。我覺得橢圓形的器物能為餐桌上帶來一股不同於日常的節奏感。

像這樣把咖哩跟番紅花飯盛在一盤，有模有樣的也很不錯。或許沒人發現，但無所謂，重點是我自己的心情。光是看到餐桌上的美麗風景，就感覺舒暢，對我來說，這才是重要的事。

感受到外頭的夕陽漸漸下山，邊吃飯，喝酒。這是一天之中我最愛的時光。

34號的生活隨筆㉓

每天喜歡的器物

圖·文—34號

竹製長柄酒杓

因為這幾年著迷於酵素、水果糖漿的釀製，以及浸泡水果酒，一個個碩大的玻璃罐需要有個長柄杓將糖漿或酒舀出，最容易買到的就是不鏽鋼長長手把配上30 ml，或50 ml容量的小酒杓了，可是總覺得不是很滿意，手工酒自製的溫暖與大量生產的冷冰冰不搭調，但眼下也找不到更好的，只能將就。直到有一天在一本雜誌上看到下本一步的竹製酒杓，心中忍不住大喊就是這個。

下本一步近乎隱居的生活在高知深山中，原以燒製木炭維生，因為在深山中鎮日與竹相處而有感情，開始以三年生的高知竹材，經燒炭的窯爐燻過以增加堅韌度及防蟲效果，製作器具。我分別在三個不同的地方，好不容易的尋到了下本製作的酒杓、湯杓，以及小漏杓，每一件除了頂端手把部分有榫接外，杓子部分完全是竹子本身的彎度與弧度，就連倒酒口的尖嘴都是天然形成，底部即是竹節處。天然的植物要找到恰好的大小與弧、角度用作器物，這是多麼不容易的啊！每一件都是藝術品，每一次用來勺酒都以恭敬的心，對竹子的美、也對製作者的尊敬。

北歐玻璃保存罐

要在古董市集挖到真心喜歡、且想帶回家的東西說容易好像也不是那麼容易，雖然自己喜歡古董老件的歲月感，以及經典但已不復見的設計，不過有時候還是會顧慮到不喜歡二手使用品的家人。好運的是兩年前在京都的東寺市集，遇上全新未使用過的老件，甚至保有原包裝紙盒及說明。兩款玻璃保存罐皆是1980年代所

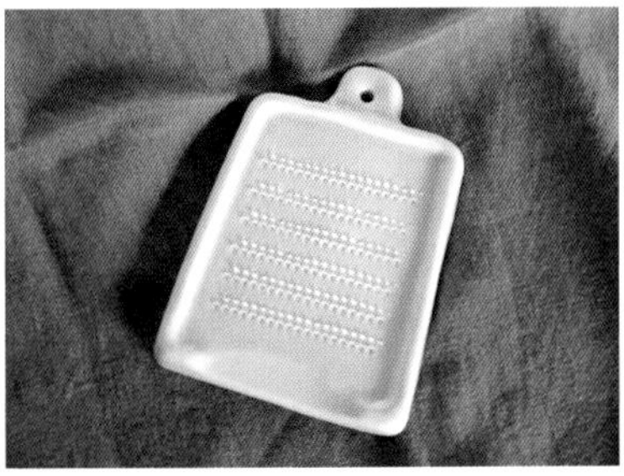

生產，至今已有三十多年了，都是丹麥設計師Ole Palsby為芬蘭品牌所設計。

500 ml的密封瓶因為長度剛好，細身外形用來存放香草莢恰到好處，而瓶蓋上一圈密封功能的橡膠，加上鐵環扣住，香草莢的香氣得以完整保存，也隔絕了濕氣，這對平時做甜點常用香草莢的我真是非常喜歡。而白色蓋子的小保存瓶，雖然經過30多年的歲月，塑膠蓋子仍具有密封能力，裝了馬告、粉紅胡椒和八角，擺在廚房小櫃子上，方便隨手取用。

安藤雅信與皆川明的合作杯

安藤雅信與皆川明都是自己喜歡的作家，兩位大師合作的杯子，說什麼也想要擁有。俯視杯口呈現一邊圓一邊尖、圓環狀的杯把下端有個可以靠住手指的弧度，這都是安藤一眼即可被認出的設計，杯身與小盤上有皆川明所繪的經典蝴蝶圖案，每一天拿來喝早餐的奶茶、下午茶的咖啡，會忍不住邊喝邊端詳。再美再珍貴的器物還是要使用，收藏在櫃子裡離自己好遠好有距離啊，捧在手裡，啜一口茶，雖然因為常常使用，杯內有了一點淺淺的貫入紋路，但那正是我的杯子的獨特標記呢！

白色陶瓷磨泥板

磨泥工具很常見，不鏽鋼的、塑膠的、銅的、陶瓷的也有，既不難買到也有各種形式形狀可挑，但我對於自己這個手做感十足、邊角看起來似乎不是很勻稱的、白色陶瓷磨泥板可是滿意極了。沒有註明那個作家的作品，也沒有品牌標示，很樸拙的一塊純白磨泥板，像是鄉下廚房裡會看到的工具，稍注意看，就會發現磨泥的小牙齒們有微微歪斜，在我眼裡是可愛極了。

說明上寫著是一年兩次開窯的登窯所燒製，製作者是以自己要使用的道具這樣的目的去做出來的。陶瓷小牙齒們又尖又利，磨起生薑能把長長的纖維都磨斷，香辣辣的薑汁順著底下的缺口流進盛裝的容器裡，炎熱的夏天加一些些薑汁到解暑的

檸檬汁裡很好喝喔！

有手把的玻璃燒杯

什麼時候流行起，用實驗燒杯當成手沖咖啡的下壺呢？開始這個主意的人真聰明呢！燒杯耐熱又有刻度，沖了多少水清清楚楚，再也不會太多太少。可是一般實驗用的燒杯沒有手把，不留意仍會燙傷，這時候有手把的燒杯就是更聰明且實用的設計了！

東海醫院曾經是台中一甲子歷史的老醫院，是這款手把燒杯設計者的老家，因為從小生長在充滿實驗器具的醫院裡，所以設計工作室也取名為東海醫院設計工作室，且將再熟悉不過的實驗器具設計成生活用品，除了有手把外，杯身上有各款咖啡如拿鐵、摩卡、卡布其諾……等；牛奶與咖啡比例的清楚標示，在我們家不止拿來當手沖下壺，也拿來當成泡茶時的茶海，玻璃方便看出茶色，把手好拿，幾乎天天都會用到。

角田淳咖啡歐蕾碗

角田淳的白瓷給我一種溫柔又有些纖細的感覺，但不是難照顧的那種喔，是很細緻且好相處的那樣。這款以歐洲鄉村風甜點咕咕洛夫外形為設計的12公分碗，原意應該是飯碗的用途，但是我看了只覺得好想用兩手掌心環抱，裡面裝滿熱熱的飲料，所以現在這是我的專用咖啡歐蕾碗，以及印度馬薩拉奶茶碗。

咖啡與熱牛奶一比一的比例，裝得幾乎滿出來，或是添加了各種現搗香料及粉香料的馬薩拉奶茶，一樣一定要裝得快要滿出來，牛奶與茶、咖啡在白瓷杯口呈現淺咖啡色圓弧的表面張力，是美味的樣子！

日本知名《日日》生活誌
4位料理家聯手上菜，
教你天天做出好料理！

飛田和緒
魚鮮料理

細川亞衣
蔬菜料理

坂田阿希子
肉類料理

高橋良枝
昭和料理

還有，
《日日》夥伴喜好的
土鍋料理、吐司吃法
以及器皿與餐點

78道美味食譜

《日日》生活誌的夥伴們
聚在一起時，
總有「美味」相伴；
空間中充滿了
驚嘆聲、杯盤聲、
品嘗的談論聲，
以及讚嘆聲。
《日日料理帖》
從多年來的食譜裡，
精選出絕對美味，
並追加了
更多佳肴！

日々・日文版 no.35

編輯・發行人——高橋良枝
設計——渡部浩美
發行所——株式會社 Atelier Vie
http：//www.iihibi.com/
E-mail：info@iihibi.com
發行日——no.35：2014年11月10日
插畫——田所真理子

日日・中文版 no.28

主編——王筱玲
大藝出版主編——賴譽夫
設計・排版——黃淑華
發行人——江明玉
發行所——大鴻藝術股份有限公司｜大藝出版事業部
台北市103大同區鄭州路87號11樓之2
電話：（02）2559-0510　傳真：（02）2559-0508
E-mail：service@abigart.com
總經銷：高寶書版集團
台北市114內湖區洲子街88號3F
電話：（02）2799-2788　傳真：（02）2799-0909
印刷：韋懋實業有限公司

發行日——2017年4月初版一刷
ISBN 978-986-94078-4-7

日日 / 日日編輯部編著. -- 初版. -- 臺北市 ：
大鴻藝術, 2017.4　52面；19×26公分
ISBN 978-986-94078-4-7（第28冊：平裝）
1.商品　2.臺灣　3.日本
496.1　　　　　　106001697

日文版後記

這一期「各自的最愛」的主題，出現了睽違已久的《日日》夥伴總動員。採訪從三浦半島開始，接著持續到了松本、熊本、橫濱。每到一個地方都有懷念的面孔、美味的食物等著我們。在這些鼓舞下，我跟日置武晴兩個人在盛夏完成這趟旅程。

在松本吃了好吃的蕎麥麵，還有溫石的料理；三浦半島有壽司，熊本有阿蘇紅牛烤肉，到了橫濱則有伊藤正子親手做的料理。這樣寫起來似乎都在吃，但實際上真的很像邊玩邊吃的愉快採訪之旅。

這類採訪旅程往往沒機會到名勝古蹟一遊，唯有晚餐我實在不想馬虎。畢竟這可是出差時唯一的樂趣呀。

連在東京的成員集合拍攝的當天，晚上也不免來場「晚餐會」。有人買了煙火，在微醺之中還放了煙火作結，度過無比開心的一晚。

夥伴們之間的愉快互動，是否也反映到雜誌上的文章呢？我滿心期待，卻不知實際結果如何。雖然是工作，也希望樂在其中。活到這把年紀長年工作的我，最近有這樣的感觸。而我也每天感謝，能有一群這麼棒的夥伴。（高橋）

中文版後記

如同本期主題一開始所說，不知從何時起就停止的〈日日歡喜〉，以前的確很喜歡那個專欄呢！不好意思地說，就像是在窺看名人或崇拜者愛用物的感覺。而且大家端出來的每一樣物品，看起來都好棒啊！有時候也會跟著當期的主題，思考一下如果是自己要回答〈日日歡喜〉的主題時，會選擇哪一樣物品。不知道讀者們看了這一期，會從自己家中廚房找出哪一件最愛的器物？如果有機會，歡迎大家透過臉書粉絲團來分享自己最愛的器物或用具。

這麼說來，到現在我還沒辦法選出家中廚房自己最愛的那一件物品，希望至少在出刊後可以決定好，然後再跟大家分享。（王筱玲）

大藝出版Facebook粉絲頁http：//www.facebook.com/abigartpress
日日Facebook粉絲頁 https：//www.facebook.com/hibi2012

義大利咖啡，bondolfi boncaffe

文—久保百合子
攝影—公文美和
翻譯—Frances

從早上喝的一杯水，到晚上少不了的酒，我的日常生活中需求的水分永遠比一般人多出一倍，但我們家各種飲料庫存中，包裝上商標最可愛的就是bondolfi boncaffe的義大利濃縮咖啡。一張笑臉上正流鼻血？仔細看看，原來看起來像嘴巴的是一只咖啡杯，似乎正陶醉在瀰漫的咖啡香氣中。無視於其他人的擔憂，閉上雙眼享受的趣味人物。

這個人是誰呢？我上網用我的破義大利文跟破英文拚命搜尋，卻是從日本網頁的敘述中了解這個人物。他的名字好像叫做「卡布丘內」（真的網頁嗎？）。在義大利也會像日本一樣，為所有代言吉祥物取名字嗎？像是警視廳的「嗶波」或是職棒巨人隊的「加比特」。上了咖啡廳的官方網站，發現還有繪製卡布丘內圖案的杯子、盤子、托盤、手錶等周邊商品。

boncaffe正如其名，非常好喝。有好幾種豆子配方可選，我最喜歡ｏｒｏ這個酸味比較少的口味。就算是加熱的濃縮咖啡機，沖出來也非常美味。我只去過一次義大利，在那裡每餐飯後一定要來上一杯濃縮咖啡，好喝到令人陶醉。我會加裝在小紙包裡的砂糖，這些多半都是設計得很棒的包裝，我也帶了幾個回來當作紀念。可惜在那裡沒遇到卡布丘內。

聽說bondolfi是1855年誕生於羅馬的品牌，在羅馬也有bondolfi的咖啡館，希望有一天能去當地看看。

www.iihibi.com

ISBN 978-986-94078-4-7
NT.120